图说输变电施工安全 口袋书

变电站(换流站)调试

江苏省送变电有限公司 组编

U0743617

中国电力出版社
CHINA ELECTRIC POWER PRESS

图书在版编目（CIP）数据

图说输变电施工安全口袋书 . 变电站（换流站）调试 / 江苏省送变电有限公司组编 . —北京：中国电力出版社，2018.10
ISBN 978-7-5198-2203-3

Ⅰ . ①图… Ⅱ . ①江… Ⅲ . ①输配电－电力工程－工程施工－安全技术－图解②变电所－电气设备－调试方法－安全技术－图解 Ⅳ . ① TM7-64

中国版本图书馆 CIP 数据核字（2018）第 144511 号

出版发行：中国电力出版社	印　　刷：北京博图彩色印刷有限公司
地　　址：北京市东城区北京站西街 19 号	版　　次：2018 年 10 月第一版
邮政编码：100005	印　　次：2018 年 10 月北京第一次印刷
网　　址：http://www.cepp.sgcc.com.cn	开　　本：880 毫米 ×1230 毫米　64 开本
责任编辑：肖　敏（010-63412363）	印　　张：1.625
责任校对：黄　蓓　郝军燕	字　　数：75 千字
装帧设计：赵姗姗	印　　数：0001—2000 册
责任印制：石　雷	定　　价：15.00 元

版权专有　侵权必究
本书如有印装质量问题，我社发行部负责退换

编　委　会

主　　任	吉　宏	邵丽东		
副 主 任	孙　雷	俞春华	凌　建	夏顺俊
审　　稿	徐　军	顾海荣	严　宏	傅晓钟
编写人员	强　超	陆卫东	陈宁飞	杨　磊
	王　锦	孔沙兵	吴明煜	

"怎么做是安全的，怎么做是不安全的?"在施工现场，安全与危险常一线之隔，而事故的发生往往又在一瞬之间。从过去发生过的血的教训中，我们发现：事故大多时候，都是因为作业人员自我保护意识不强，忽视对作业环境的检查，盲目违规操作，面对伤亡情况手足无措而造成的。预防事故的发生是技术问题、是管理问题、是认识问题，归根结底是人的问题。施工现场一线人员是具体工作和业务的执行者，直面危险因素，危险性最大，更要坚定执行各类安全规章制度，牢固安全生产意识，掌握安全作业知识和技能，了解应急救护知识，做到我要安全、我会安全、拒绝无知、相互监督。

《图说输变电施工安全口袋书》正是一本为一线施工人员量身定做的安全施工漫画口袋书。江苏省送变电有限公司响应本质安全建设要求，参考现行的各类电力建设安全工作规程及管控措施等资料，结合施工现场工作情况，提炼出一线施工人员必备的岗位安全意识、应知必会的安全技能，以及事故发生后的应急处理内容，消除了一线施工人员"没想到"和"忘记了"的安全盲区。整套书语言通俗活泼，配图生动形象，以图说话，以文补图，避免了听不懂、学不会、记不住、做不到，安全教育流于形式的问题。

希望这套口袋书能变成您的枕边书、手边书，成为您输变电现场安全施工的好伙伴。

2018 年 8 月

　　当前，国家电网有限公司输变电工程建设任务繁重，各类施工人员多，劳务分包普遍，施工安全面临巨大挑战。国家电网有限公司重视安全生产，加大管理力度，打牢安全基础，补强分包短板，遏制安全事故苗头。

　　在紧抓安全生产的大环境下，为响应本质安全建设要求，强化输变电现场施工人员安全意识，江苏省送变电有限公司编写了一套《图说输变电施工安全口袋书》。本套口袋书包括变电站土建、变电站电气设备安装、变电站（换流站）调试、架空电力线路基础、架空电力线路架线、架空电力线路立塔六个分册。各分册由通用部分、专业部分及应急部分构成，包括施工中各工种的全过程。

本套口袋书参考 DL 5009.2—2013《电力建设安全工作规程　第 2 部分：电力线路》、DL 5009.3—2013《电力建设安全工作规程　第 3 部分：变电站》、《国家电网公司电力安全工作规程　电网建设部分（试行）》、Q/GDW 1799.1—2013《国家电网公司安全工作规程　变电部分》、Q/GDW 1799.2—2013《国家电网公司安全工作规程　线路部分》、《变电站（换流站）工程施工现场关键点作业安全管控措施》、《架空线路工程施工现场关键点作业安全管控措施》等资料，将因人的不安全行为和物的不安全状态而导致严重后果的风险隐患摘选出来，结合施工现场工作情况，提炼出一线施工人员必备的岗位安全意识、应知必会的安全技能，以及事故发生后的应急处理内容。口袋书采用"图画＋文字"的形式，在图画上展现安全信息及工作场景；在文字上采用第一人称描述安全操作要点及注意事项，深入浅出、简单明了、轻松易读。

本套口袋书"紧扣安全、依据规范、贴近一线"，可供省公司、地市公司、施工企业等输变电工程一线施工人员学习使用。

由于编写人员水平有限，加之时间仓促，书中不妥之处在所难免，恳请读者批评指正。

编者

2018 年 8 月

目　录

第一篇

通用部分

基本条件： 我体检合格，无妨碍工作的病症；已接受入场安全培训，掌握相应岗位技能及基本安全知识并考试合格。我作为特种作业人员，已经过专门的培训并取得特种作业操作资格证书。

基本权利一： 我有权拒绝违章指挥和强令冒险作业。

快跑，变压器冒烟了。

基本权利二：发现直接危及人身、电网和设备安全的紧急情况时，我有权停止作业并及时撤离现场。发现施工现场安全隐患时，我有权暂停施工并立即向上级报告。

基本权利三：当我身体不适时，有权向带班负责人提出，暂时不从事风险较大的作业。

职责与义务一： 我已在作业前接受"一方案、一措施、一张票"交底，清楚作业内容、范围，相关安全措施已落实，明确作业中的风险点，并签字确认。

自查镜

个人防护用品指示牌

正确佩戴安全帽

系紧帽带
佩戴好胸卡
扣好领扣
着长袖工作服
扎紧袖口

佩戴全方位防
冲击安全带

穿软底鞋、系好鞋带

职责与义务二： 我能正确使用安全工器具和个人安全防护用品。作业时，自愿服从指挥，自觉遵守作业规章制度和作业规程，做到不伤害自己、不伤害他人、不被他人伤害、保护他人不被伤害。

职责与义务三：我不能擅自穿越安全围栏或安全警戒线，不进入工作范围以外的工作区域。

工器具检查及使用一： 高处作业前，我衣着灵便，衣袖、裤脚扎紧，穿软底防滑鞋。检查确认安全帽、安全带等安全防护用品齐全、有效。

工器具检查及使用二：我使用的工器具应用绳子拴牢或使用工具包存放；传递物品时使用传递绳，不得抛掷。

攀登： 我不得攀爬支柱绝缘子或者设备套管，防止损坏设备。

防坠落一： 我在高处作业时，必须将配件、材料等放置在牢靠的地方，并采取防止坠落措施，防止物件坠落，造成人身伤害。

防坠落二： 我不能在高处作业下方危险区停留或穿行，防止落物伤人。

防坠落三： 光纤接续、检测中，在塔上作业时应做好防坠落安全措施，防止高空坠落。

梯子使用一： 禁止使用自制木梯，梯子不得接长或垫高使用，梯脚要有防滑装置，与地面的夹角约为 60°，不得将梯子搁在楼梯或斜坡上作业，防止高处坠落，造成人身伤害。

梯子使用二： 我不跟他人站在同一个梯子上工作，不站在距梯顶 1m 以内的梯蹬上作业，梯子必须有人扶持和监护，防止高处坠落，造成人身伤害。

工作人员工作中与带电设备的安全距离

电压等级（kV）	安全距离（m）	电压等级（kV）	安全距离（m）
≤ 10	0.7	1000	9.5
20、35	1	±50 及以下	1.5
66、100	1.5	±400	6.7
220	3	±500	6.8
330	4	±660	9
500	5	±800	10.1
750	8		

安全距离一：我要牢记正常活动范围与带电设备的安全距离，防止触电。

交流和直流试验的安全距离

试验电压（kV）	安全距离（m）	试验电压（kV）	安全距离（m）
200	1.5	1000	7.2
500	3	1500	13.2
750	4.5		

确认带电部分与接地部分的安全距离。

止步
高压危险

安全距离二： 我要牢记交流和直流试验的安全距离。

安全距离三： 110kV 及以下电压等级间隔紧凑、设备间距小，在该区域工作时要特别小心，防止高压放电伤害。

室外：不要在生产区域打伞，防止高压放电伤害；不要用高举方式移动物品，应放倒搬运（梯子、高空接线钳等），防止高压放电伤害；不要攀爬运行设备，防止高压放电伤害、误跳设备。

室内：试验人员不得随意触碰站内带电的交直流、UPS 电源等设备，防止触电。

第二篇

专业部分

试验现场勘查： 高压试验前，必须确认被试设备已与其他设备隔离，设备上无电后才能进行试验。

放电接地一： 进行直流试验前后必须将被试设备对地充分放电，防止触电。

放电接地二：进行交流试验前后要将被试设备接地，防止触电。

放电接地三： 在测量绝缘电阻前后，要将被试设备对地充分放电，防止残余电荷伤人。

放电接地四：对可能有感应电的设备予以放电或增加接地线，防止触电。

气候环境要求一： 当有雷电、雨、雪、雹、雾和大风天气时，应立即停止高压试验，防止雷电伤害、试验电压伤人和电源触电伤害。

气候环境要求二： 线路参数试验只有在全线路无雷雨天气时才能进行。长线路建议每隔一段距离设置雷雨观测实时预警点，防止雷电伤害。

"呼唱"制度： 在进行高压试验时，要严格执行"呼唱"制度，对升压、改线等风险较大的环节建议增加手势指令，实现听、看双重确认后方可操作，防止因沟通不畅造成事故。

安全监护一：试验中严禁他人接近高压带电设备，防止带电设备放电造成触电事故。

止步
高压危险

在此工作

安全监护二: 高压试验时,要防止外来人员误入试验区域,以免造成触电。

安全监护三： 高压试验时，相邻设备上不宜开展工作，防止感应电伤人。

安全监护四： 电缆耐压试验时，要在电缆两头同时做好隔离措施，派专人监护并保持通信畅通，防止触电。

试验接线： 试验接线应可靠连接，防止试验过程中试验接线断开产生高压危及人身和设备安全。

试验异常处置： 试验中发现有异常情况，要先断开电源，并经充分放电、接地后，再进行检查，防止触电。

试验基本要求一： 给装置上电前要确认额定电压及电源电压，以防烧毁保护装置。

试验基本要求二：试验过程中不得擅自扩大工作范围，防止人员触电、误跳设备。

传动试验监护：在进行断路器、隔离开关、有载调压装置的远方传动试验时，要确保主设备处有专人监护，试验过程中保持通信畅通，防止误跳设备。

二次电流、电压回路检查： 二次回路检查时，不得发生 TA 回路开路和 TV 回路短路现象。

通流、通压试验一：在电压互感器二次通压前，要将 TV 二次空气开关、一次隔离开关、高压熔断器断开，严防倒送电造成触电事故。

通流、通压试验二：严禁长时间进行超过额定电流的通流试验，以防损伤设备、造成火灾。

通流、通压试验三： 在进行电流互感器一次通流试验时，二次回路不得开路，防止火灾和触电事故。

通流、通压试验四： 在进行电压互感器一次通压试验时，二次回路不得短路，防止火灾和触电事故。

通流、通压试验五：使用钳形表测量二次负荷电流时，要先检查并确保 TA 二次电缆芯线在端子排上接线可靠，再动作轻柔地用钳形表钳测，不得直接硬拉芯线进行钳测，严防测量过程 TA 二次开路。

光缆施工一： 不得用眼睛直视光纤，以防激光灼伤。

光缆施工二：不得过度弯曲光纤，以防光纤折断造成通信中断，从而造成主保护退出或通信网大面积瘫痪的后果。

光缆施工三： 涉及电力通信骨干网光路工作时，要特别小心谨慎，严防外力触碰、挤压、拖拽而损伤光缆，从而造成大面积通信瘫痪事故。

试验准备一： 试验开始前，要勘查现场，认清工作间隔，确认停电范围。对 35kV 及以下电压等级开关柜，确认柜内母线及其他设备带电的情况，防止高压放电伤害、误跳设备。

试验准备二： 在临近带电设备试验时，要选择地面平整、视野开阔、试验接线布设有空间余度并尽可能远离运行设备的地点放置试验仪器，防止高压放电伤害。

试验准备三： 不得在检修设备与运行设备相关联回路（尤其是母线保护、主变压器保护和远方跳闸等回路）未断开情况下工作，以防误跳设备造成大面积停电。

试验准备四： 对侧断路器不在停电检修状态时，不得进行试验，防止误跳设备。

试验准备五： 试验前核对现场安全措施和接线，不能在现场实际接线、竣工图纸和二次安全措施表三者不一致的情况下工作，以防误跳设备。

试验准备六： 不能在涉及运行的设备未做安全措施或安全措施不完善的情况下工作，以防触电和误跳设备。

试验准备七: 试验前认清检修设备区域,不能在运行设备与检修设备无明显隔开标志的屏柜上工作,以防触电、误跳设备。不能拆除二次安全措施及辅助隔离措施,以防误入运行间隔,造成触电、误跳设备。

高压试验安全距离一： 相邻间隔为运行设备时，要选择长度适中的高空接线钳，接线时远离运行设备侧，防止触电。在临近带电设备试验时，安全距离的选择要按最大值考虑，防止出现试验电压叠加运行电压，造成人员伤害。

高压试验安全距离二：耐压试验被试设备带电部分临近运行设备时，安全距离的选择要按最大值考虑，防止出现试验电压叠加运行电压放电，造成人身、设备、电网事故。

二次回路一： 禁止将电压互感器二次侧短路；不得将二次回路保护接地点断开，防止保护误动。

二次回路二： 禁止将电流互感器二次侧开路；短接电流互感器时，必须使用短路片或短路线可靠短接，以防电流互感器二次开路；不能将二次回路二次永久接地点断开，以防保护误动。

二次回路三： 进行母差电流互感器回路接入时，操作过程中要严防电流互感器二次开路，以防引起火灾事故、触电事故以及母差保护误动造成大范围停电事故。

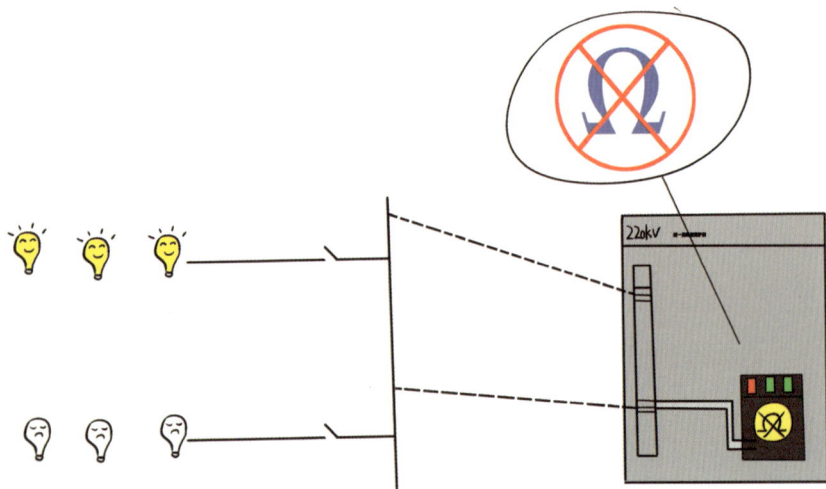

二次回路四： 在失灵、远跳等重要出口的回路上查线时，严禁使用万用表低内阻（电阻、电流等）挡，严防短路、直流接地、误跳设备，以免造成大面积停电。

光纤通信：在光纤通信屏工作时不要乱拔、乱碰光纤，以防误拔、误碰带电间隔的光纤通道，造成运行设备主保护退出、大面积通信瘫痪。

网络安全：禁止将未经安全检测的笔记本电脑等电子设备接入保护设备，确保内外网有效隔离。

智能化保护一： 远方修改定值、远方修改软压板、远方修改定值区的软压板未退出，不要进行试验，防止软压板被误投退造成误跳。

智能化保护二： 不能在合并单元、智能终端和控制保护装置三者检修压板未全部投入状态下进行传动试验，防止误跳设备。

（1）要在检修装置与运行装置相关联跳闸出口光纤拔出、跳闸软压板退出后开展试验，防止误跳设备。

（2）检修装置检修压板不在投入状态时，不能试验，防止误跳设备。

（3）对智能终端和合并单元进行试验，其影响范围内各间隔保护装置未退出时，不能进行试验，防止误跳设备。

（4）不能投入运行中合并单元的检修压板，防止误跳设备。

智能化保护三： 做好一切防范措施，防止保护误跳。

第三篇

应急部分

轻伤事故报告程序： 轻伤事故发生后，负伤者或现场有关人员必须用手机等最快捷的方法，立即向项目负责人报告。项目负责人在接到报告后，即刻报告分公司负责人和专职安全员。

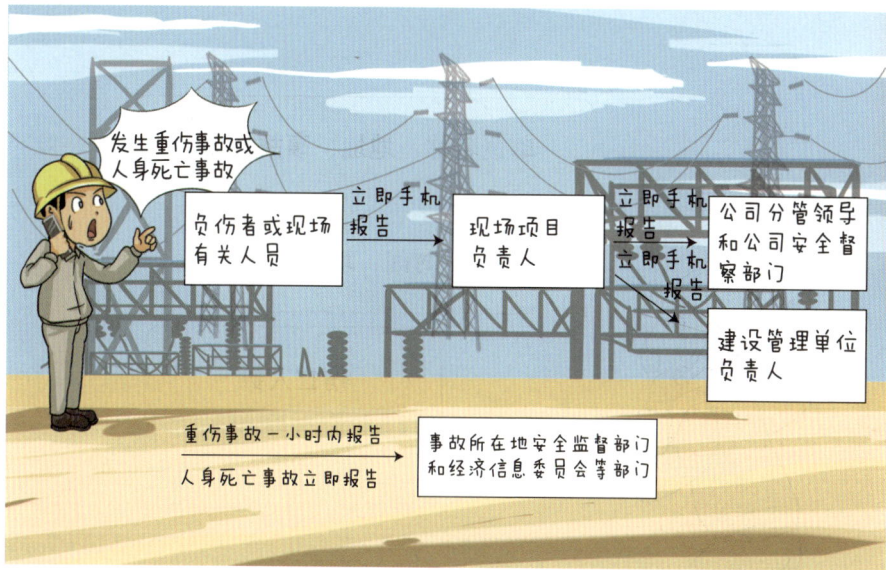

重伤或死亡事故报告程序： 发生重伤或死亡事故后，事故现场相关人员应立即用手机等最快捷的方式向现场项目负责人报告，项目负责人接到报告后，即刻向公司分管领导和公司安全监察部报告（同时向建设管理单位负责人报告）。

单位名称、地址、事故性质

时间、地点

伤亡人数

报告内容：使用手机快报，应当包括事故发生单位的名称、地址、事故性质；事故发生的时间、地点；事故已经造成或者可能造成的伤亡人数（包括下落不明、涉险的人数）。

低压触电后脱离电源的方法：可立即拉开电源开关或拔出插头，断开电源。当电线搭落在触电者身上或压在身下时，如无法断开电源，可用干燥的木棒、木板、绳索、皮带、衣服、手套等绝缘物作为工具，拉开触电者或挑开电线，使触电者脱离电源。

高压触电后处置方法：立即通知有关供电单位或用户停电；如无法停电，可戴上绝缘手套，穿上绝缘靴，用相应电压等级的绝缘工具按顺序拉开电源开关或熔断器。

现场基础处理: 局部创伤应妥善包扎,勿进行填塞,以免导致感染;面部受伤人员首先应保持呼吸道畅通,撤除假牙,清除口中的异物,同时解开伤员的颈、胸部纽扣。

送医急救一： 伤情较重时，立即送至医疗机构进行救治。伤员要平仰卧位，注意保暖和安静，解开衣领扣，保持呼吸道畅通。

送医急救二： 在搬运和转送重伤者过程中，应使伤者脊柱保持伸直，颈部和躯干不能前屈或扭转；搬运时应多人平抬，严禁一个抬肩一个抬腿的搬法，以免加重伤情。

骨折急救一：应先检查意识、呼吸、脉搏并处理严重出血；夹板长度应能将骨折处的上下关节一同加以固定；骨断端暴露时，不要拉动；固定动作要轻快，不要随意移动伤肢或翻动伤员；夹板或简便材料不能与皮肤直接接触，要用棉花等垫好。

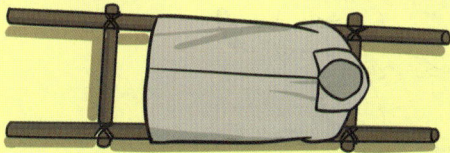

没有担架时，可利用门板、椅子、梯子等制作简单担架运送。

骨折急救二： 搬运时要轻、稳、快，避免震荡，并随时注意伤者的病情变化。开放性骨折伴有大出血者，应先止血再固定，并用干净布片覆盖伤口，然后速送医院救治。切勿将外漏的断骨推回伤口内，以免感染和刺破血管和神经。

骨折急救三： 疑有颈椎损伤的，伤员平卧后用沙土袋等放置头部两侧固定颈部。口对口呼吸时，采用抬颏使气道通畅，不能将头部后仰移动或转动头部；腰椎骨折的，伤员应平卧在平硬木板上，将腰椎躯干及两侧下肢一同固定。搬动时应数人合作，保持平稳，不能扭曲。

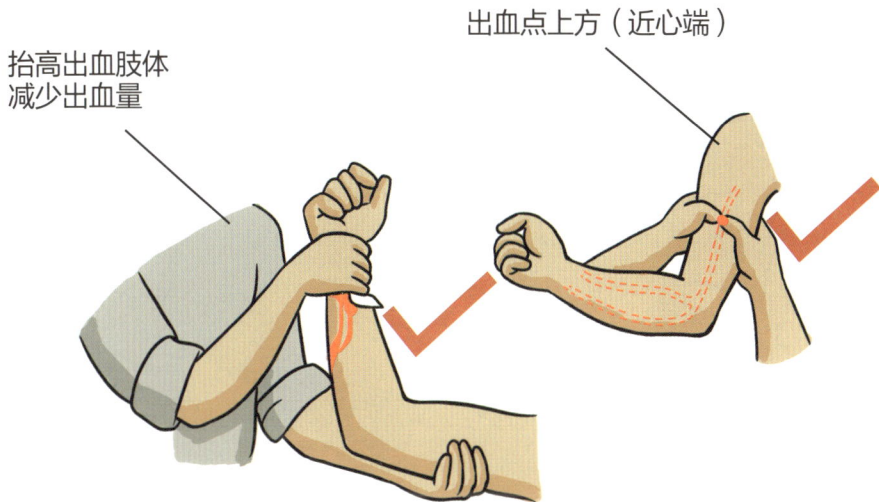

抬高出血肢体
减少出血量

出血点上方（近心端）

创伤止血急救一： 伤口渗血较多时，用数层较伤口稍大的消毒纱布覆盖伤口，然后包扎。若包扎后仍有较多渗血，可再用绷带适当加压止血；伤口出血呈喷射状或鲜红血液涌出时，立即用清洁手指压迫出血点上方（近心端），使血流中断，并将出血肢体抬高或举高。

不要用绳，且不宜扎太紧！

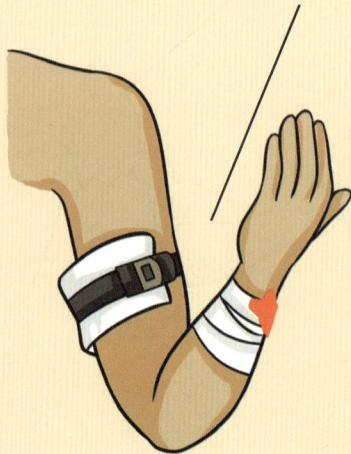

上肢每 60min、下肢每 80min 放松一次，每次放松 1～2min，开始扎紧与放松的时间均书面标明在止血带旁。扎紧时间不宜超过 4h。

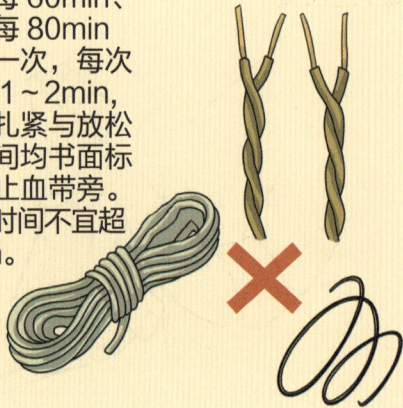

创伤止血急救二： 用止血带或弹性较好的布带等止血时，应先用柔软布片或伤员的衣袖等数层垫在止血带下面，再扎紧止血带以刚使肢端动脉搏动消失为度。不要在上臂中三分之一处和腋窝下使用止血带，以免损伤神经。当放松时观察无大出血则可暂停使用。

方便呕吐物排出。

保持气道通畅。

脑外伤急救： 使伤员采取平卧位，保持气道通畅，若有呕吐，应扶好头部和身体，使头部和身体同时侧转；耳鼻有液体流出时，不要堵塞，只可轻轻拭去。也不可用力擤鼻；颅脑外伤时，病情可能复杂多变，禁止给予饮食，速送医院诊治。

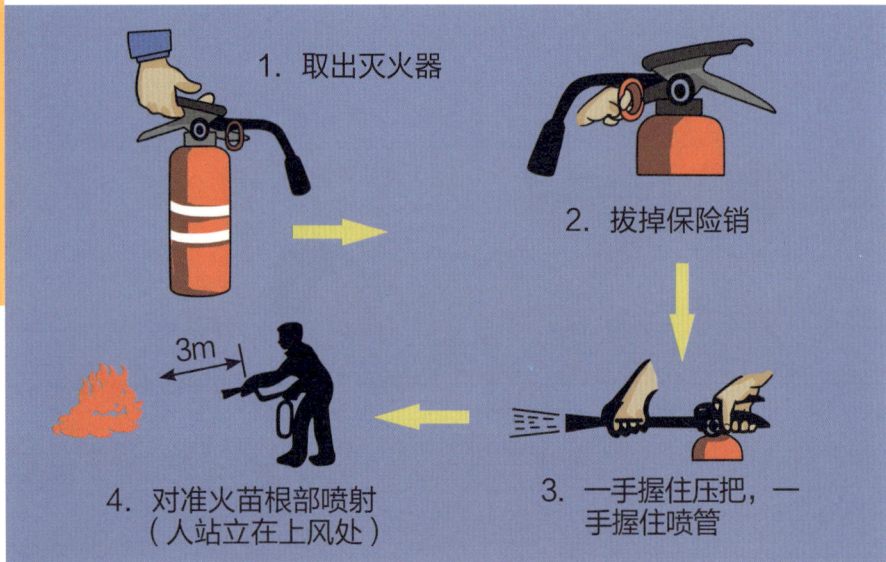

1. 取出灭火器

2. 拔掉保险销

3. 一手握住压把，一手握住喷管

4. 对准火苗根部喷射（人站立在上风处）

3m

火灾抢险一： 在扑灭火灾时，正确选择、使用消防器材（电气设备着火、油品着火不能使用水扑救），对着火焰根部扑救。灭火要迅速彻底，不要遗留残火，以防复燃。注意保护现场，以利于火因调查；各类应急器材和救援设施应配备齐全，并处于常备状态。

火灾抢险二： 扑救人员应戴防毒面具。组织人员疏散时，救援人员首先要切断身边电源，被救人员应捂鼻、弯腰迅速离开；当被困人员疏散至上风口后，立即清点人数。切断电源位置要合适，特别是晚间，避免因断电而影响灭火。

灭火器的选用

灭火器类型 / 火灾场所	水型灭火器	干粉灭火器		泡沫灭火器		二氧化碳灭火器
		磷酸铵盐干粉灭火器	碳酸氢钠干粉灭火器	机械泡沫灭火器	抗溶泡沫灭火器	
A类场所（如木材、棉、毛、麻、纸张及其制品等）	**适用。** 水能冷却并穿透固体燃烧物质而灭火，并可有效防止复燃	**适用。** 粉剂能附着在燃烧物的表面层，起到窒息火焰的作用	**不适用。** 碳酸氢钠对固体可燃物无粘附作用，只能控火，不能灭火	**适用。** 具有冷却和覆盖燃烧物表面及与空气隔绝的作用		**不适用。** 灭火器喷出的二氧化碳无液滴，全是气体，对A类火基本无效
B类场所（如汽油、煤油、柴油、原油、甲醇、乙醇、沥青、石蜡等）	**不适用。** 水射流冲击油面，会激溅油火，致使火势蔓延，灭火困难	**适用。** 干粉灭火剂能快速窒息火焰，具有中断燃烧过程连锁反应的化学活性		**适用。** 扑救非极性溶剂和油品火灾，覆盖燃烧物表面，使其与空气隔绝	**适用。** 扑救极性溶剂火灾	**适用。** 二氧化碳靠气体堆积在燃烧物表面稀释并隔绝空气
C类场所（如煤气、天然气、甲烷、乙烷、丙烷、氢气等）	**不适用。** 灭火器喷出的细小水流对气体火灾作用很小，基本无效	**适用。** 喷射干粉灭火剂能快速扑灭气体火焰，具有中断燃烧过程连锁反应的化学活性		**不适用。** 泡沫对可燃液体火灾有效，但对扑救可燃气体火灾基本无效		**适用。** 二氧化碳窒息灭火，不留残迹，不污损设备
E类场所（指带电物体的火灾）	**不适用**	**适用。** 适用于带电的B类火		**不适用**		**适用。** 适用于带电的B类火

高温中暑急救： 应立即将病员从高温或日晒环境转移到阴凉通风干燥处平卧休息；解开患者衣服，或更换被汗水湿透的衣服，用浸水毛巾擦浴、电扇吹风等方法加速散热。

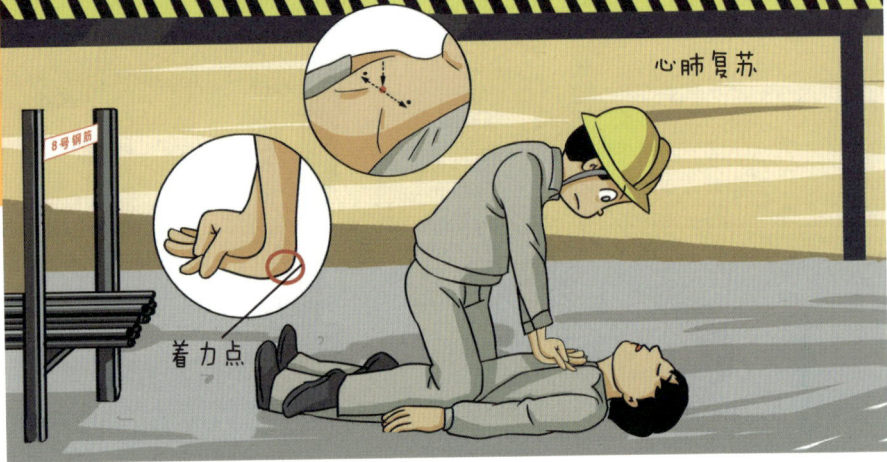

钢筋加工区

心肺复苏

着力点

溺水急救：发现有人溺水应设法迅速将其从水中救出，呼吸、心跳停止者用心肺复苏法坚持抢救；口对口人工呼吸因异物阻塞发生困难，而又无法用手指除去时，可用两手相叠，置于脐部稍上正中线上（远离剑突）迅速向上猛压数次，使异物退出，注意不得用力过大。

中毒急救： 立即将中毒者送往就近医院或拨打急救电话。若急救条件不允许，也可拨打110电话求救。等待救护期间，对已昏迷中毒者应保持气道通畅，解开领扣、裤带等束缚，注意保温或防暑，有条件时给予氧气吸入。呼吸、心跳停止者应立即进行心肺复苏。

1. 迅速从伤口上端向下方反复挤出毒液。

2. 在伤口上方（近心端）用布带扎紧。

动物咬伤急救： 咬伤大多在四肢，如图处理后，将伤肢固定，避免活动，以减少毒液的吸收。犬咬伤后应立即用浓肥皂水冲洗伤口，同时用挤压法自上而下将残留在伤口内的唾液挤出，然后再用碘酒涂擦伤口。少量出血时，不要急于止血，也不要包扎或缝合伤口。